A Tommaso, Anna y Giuseppe.
Y al mar, que siempre me acoge con el abrazo de un hijo.
Paola

A Giacomo, que sabe sumergirse en lo maravilloso.
Rossana

Título original: *Il giardino delle meduse*
©2021, Camelozampa.
Publicado con acuerdo con IMC, Agencia Literaria, S.L, Spain

Textos de Paola Vitale
Ilustraciones y diseño gráfico de Rossana Bossù

La autora desea dar las gracias al profesor Ferdinando Boero de la Universidad
de Nápoles por sus publicaciones, que han sido una inspiración para este libro,
y a la doctora Cinzia Gravili de la Universidad de Salento por sus consejos.

©De la traducción: Blanca Gago

Questo libro è stato tradotto grazie a un contributo del Ministero degli Affari
Esteri e della Cooperazione italiano

Este libro ha sido traducido gracias a la Ayuda a la traducción del Ministerio
de Asuntos Exteriores y de la Cooperación italiano

©De esta edición: Nórdica Libros, S. L.
C/ Doctor Blanco Soler, 26, 28044, Madrid
Tlf:(+34)917-055-057
info@nordicalibros.com
Primera edición: septiembre de 2025
ISBN:979-13-87922-00-9
Thema: PSPM • IBIC: PSPM
Depósito Legal: M-16768-2025
Impreso en España/*Printed in Spain*
Grafilur
Basauri (Bizkaia)

Corrección ortotipográfica: Victoria Parra y Ana Patrón

Paola Vitale

Rossana Bossù

EL JARDÍN

DE LAS

MEDUSAS

Traducción de Blanca Gago

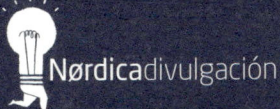

Nørdicadivulgación

Colorean de reflejos las aguas de los océanos más profundos, los puertos y las playas.

Son transparentes, de colores encendidos y brillantes: naranja intenso, rosa, violeta.

A veces son grandes como cometas, y otras tan pequeñas que se confunden entre las gotas de agua salada.

Viven en todas partes, del Ártico a los océanos tropicales, de las aguas costeras a las profundidades marinas.

SON LAS MEDUSAS.

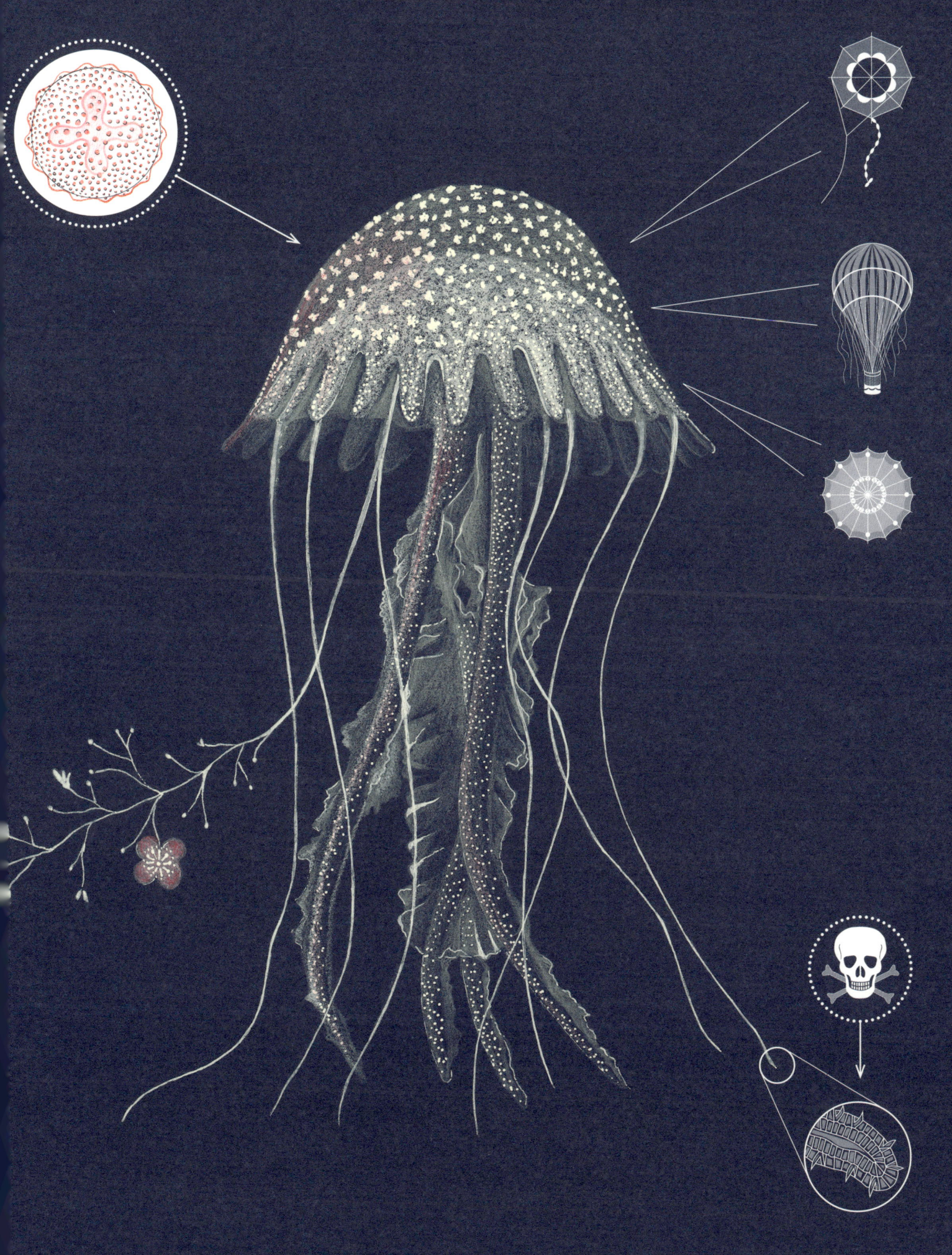

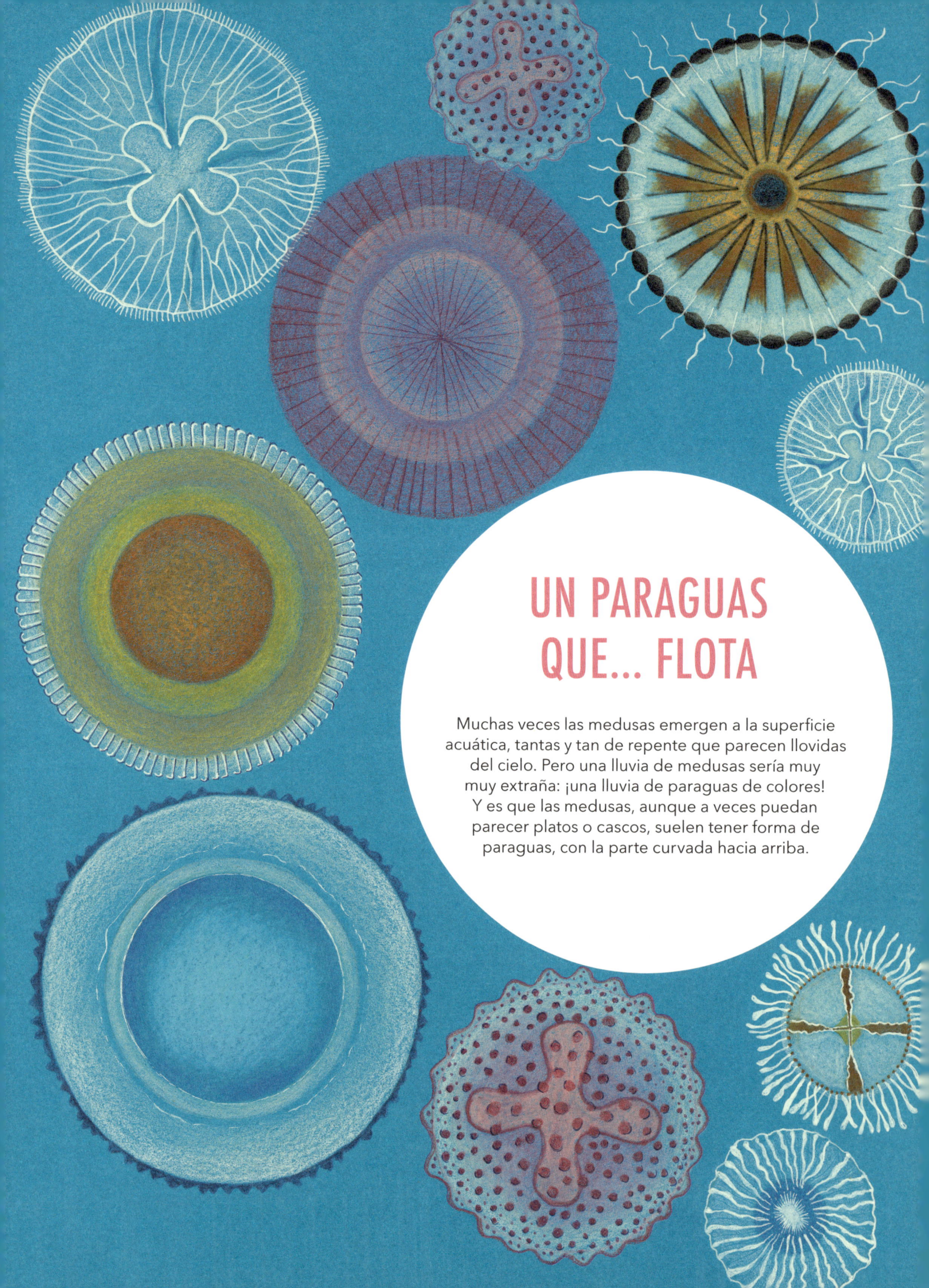

UN PARAGUAS QUE... FLOTA

Muchas veces las medusas emergen a la superficie acuática, tantas y tan de repente que parecen llovidas del cielo. Pero una lluvia de medusas sería muy muy extraña: ¡una lluvia de paraguas de colores! Y es que las medusas, aunque a veces puedan parecer platos o cascos, suelen tener forma de paraguas, con la parte curvada hacia arriba.

Los tentáculos cuelgan de los bordes; pueden ser cuatro o muchos más, y también su longitud es muy variable.

Debajo de la umbrela —así se llama la parte de paraguas— está la boca situada sobre una especie de tubo llamado manubrio. En los tentáculos, el manubrio y toda la superficie de la umbrela suele haber vesículas que contienen veneno para inmovilizar a la presa. De hecho, la mayoría de las medusas son carnívoras.

Casi todas medusas más venenosas tienen tentáculos que pueden alcanzar varios metros de largo. Por eso, en las zonas donde hay medusas como esas es mejor no bañarse: aunque parezcan muy alejadas... ¡sus tentáculos pueden estar muy cerca!

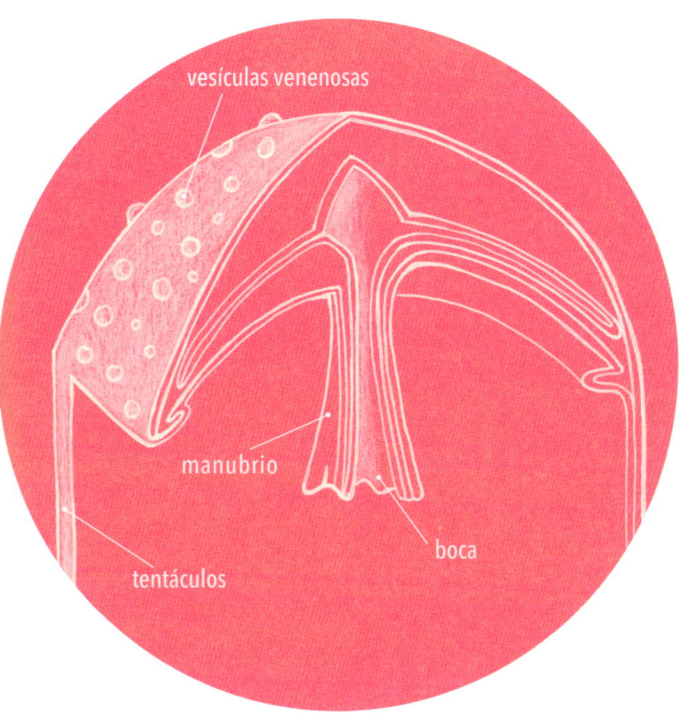

vesículas venenosas

manubrio

tentáculos

boca

UNA SIMETRÍA ESPECIAL

Vistas desde arriba, las medusas pueden parecer paraguas abiertos, pero también ruedas con radios.
Se trata de una forma extraña, que pocos animales poseen.
De hecho, sería más útil tener una estructura con una cabeza hacia delante, para mirar mejor alrededor y ser más rápidas.
Pero a las medusas no les sirve de nada ser rápidas, pues su estrategia de caza no consiste en perseguir a la presa; así, pueden pasar buena parte de su vida pegadas al fondo marino.
Desde sus orígenes hasta hoy, nunca han cambiado en nada: son perfectas tal como son.

¿LAS MEDUSAS SON ANIMALES?

Las medusas tienen las dos características fundamentales de los metazoos, es decir, de casi todos los animales.

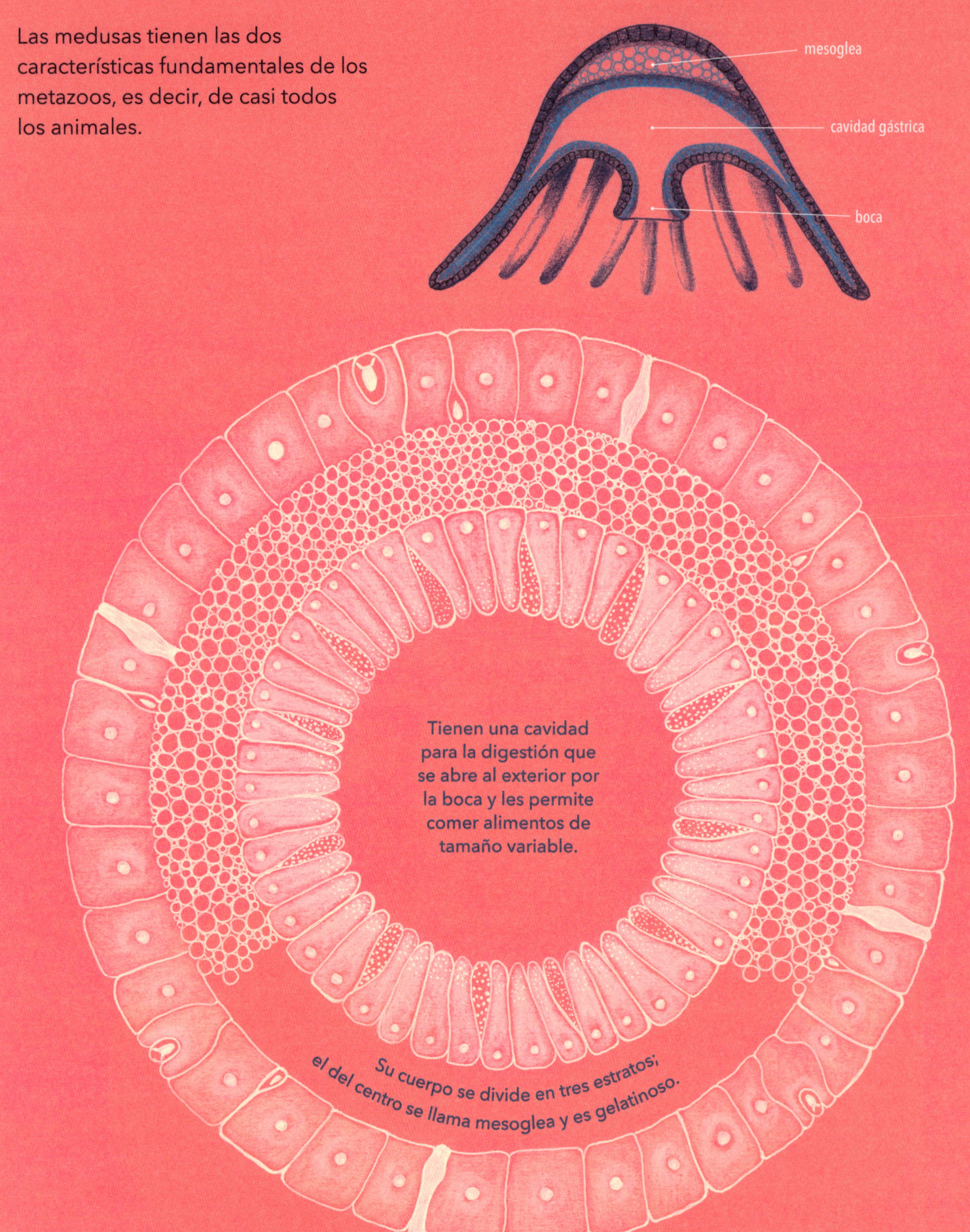

mesoglea

cavidad gástrica

boca

Tienen una cavidad para la digestión que se abre al exterior por la boca y les permite comer alimentos de tamaño variable.

Su cuerpo se divide en tres estratos; el del centro se llama mesoglea y es gelatinoso.

PERO... ¿TIENEN CEREBRO?

Las medusas no tienen un cerebro de verdad,
solo algunas células nerviosas
conectadas en red.

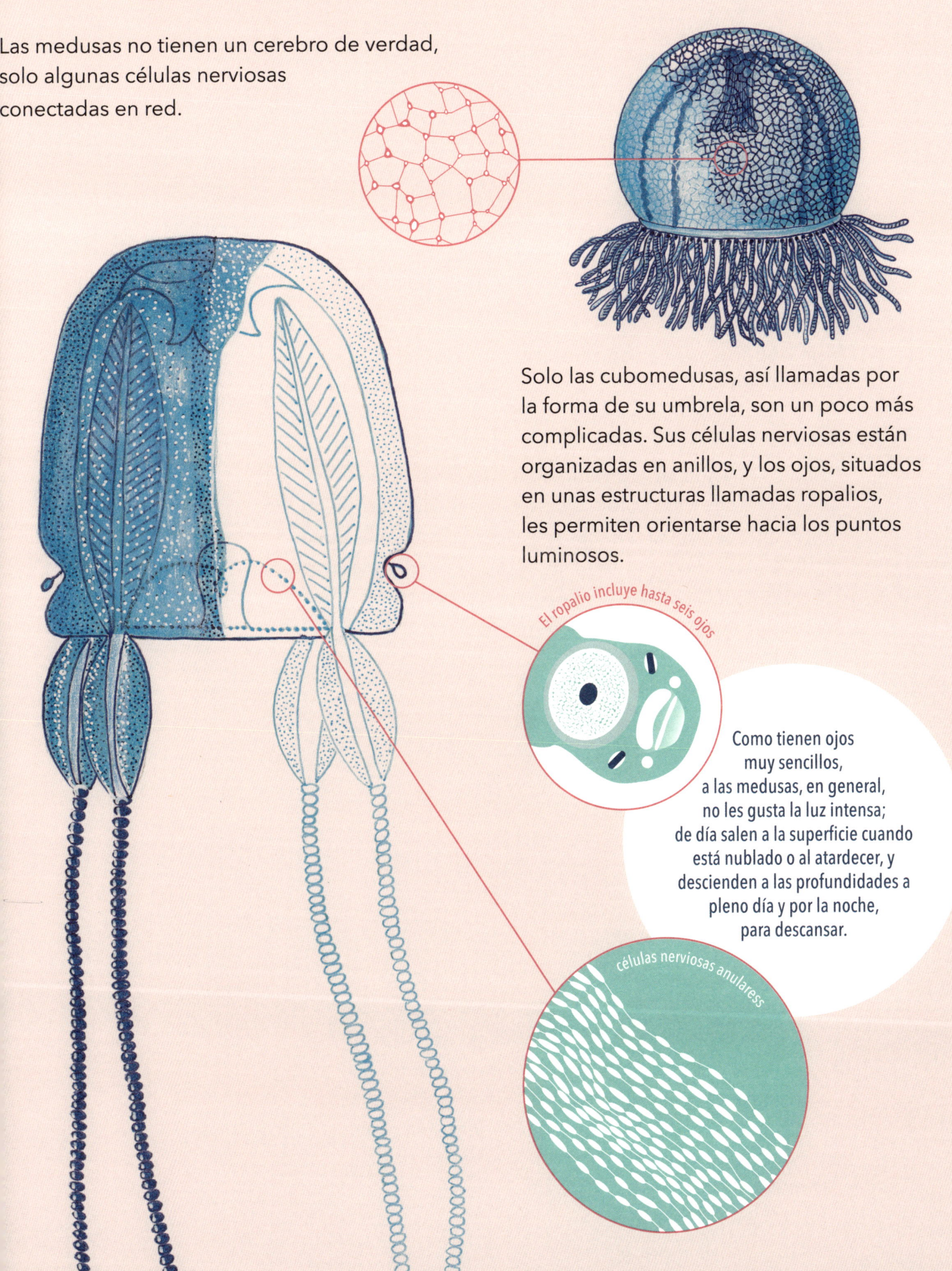

Solo las cubomedusas, así llamadas por
la forma de su umbrela, son un poco más
complicadas. Sus células nerviosas están
organizadas en anillos, y los ojos, situados
en unas estructuras llamadas ropalios,
les permiten orientarse hacia los puntos
luminosos.

El ropalio incluye hasta seis ojos

Como tienen ojos
muy sencillos,
a las medusas, en general,
no les gusta la luz intensa;
de día salen a la superficie cuando
está nublado o al atardecer, y
descienden a las profundidades a
pleno día y por la noche,
para descansar.

células nerviosas anularess

MEDUSAS Y OTRAS GELATINAS

Solo deberíamos llamar medusas a los animales que pertenecen al grupo de los celentéreos, en concreto a la clase de los escifozoos.

Cuando aún son larvas, viven en forma de pólipos. Son parecidas a los corales: pequeños tubos que se enganchan al fondo del mar y, en lo alto, tienen la boca rodeada de tentáculos para capturar y engullir a la presa. De adultas, y durante casi toda su vida, adoptan formas de medusas libres, umbrelas flotantes a merced de las corrientes.

Pero, debido a su aspecto gelatinoso, parecido a un flan, solemos llamar medusas no solo a los escifozoos y otros celentéreos, como las cubomedusas y los hidrozoos, sino también a otros tipos de animales marinos flotantes que, en realidad, pertenecen a dos grupos distintos, llamados ctenóforos y tunicados.

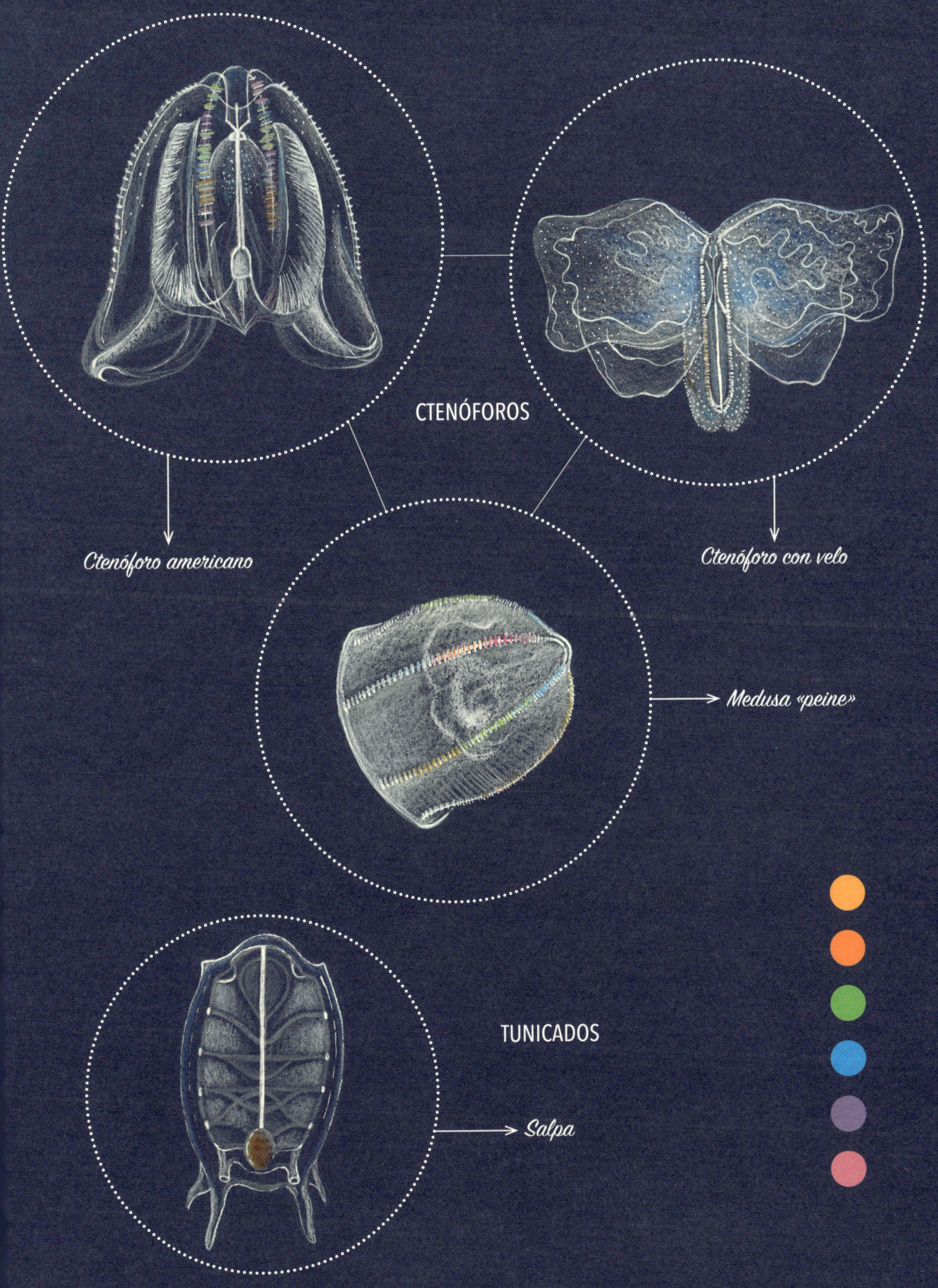

CTENÓFOROS

Ctenóforo americano

Ctenóforo con velo

Medusa «peine»

TUNICADOS

Salpa

¿LAS MEDUSAS NADAN?

Gracias a su sistema muscular en círculo, las medusas pueden nadar: con pulsaciones rítmicas, apartan el agua debajo de la umbrela. La consistencia casi gomosa de la mesoglea les permite volver a la posición inicial después de cada pulsación.

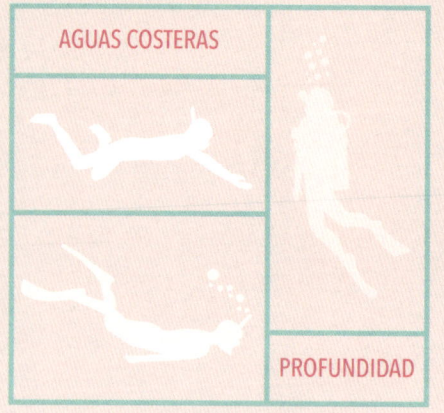

AGUAS COSTERAS

PROFUNDIDAD

Las medusas viven en todas las aguas costeras

hasta las profundidades marinas

La dirección de nado es casi siempre vertical, aunque muchas veces las medusas giran al nadar.
Suben hacia la superficie mediante una serie de pulsaciones, se dejan hundir poco a poco y luego repiten el movimiento.
En cambio, el desplazamiento horizontal casi siempre se debe a las corrientes. Solo ciertos tipos de medusas, como las *rhizostomas* tropicales y algunas cubomedusas, saben nadar de verdad en horizontal.

Las más veloces pueden nadar a una velocidad que va de los seis a los casi cien metros por minuto.
Su secreto está en los ondulados bordes de la umbrela, y en una especie de velo que aumenta el impulso del chorro de agua a cada pulsación.

velo

A VECES DESAPARECEN...

Las medusas saben adaptarse muy bien a las diversas situaciones. Si las condiciones no son favorables, por ejemplo, si la temperatura del mar es demasiado baja, permanecen pegadas al fondo del mar, como pólipos. A veces no se dejan ver en muchos años, incluso décadas.

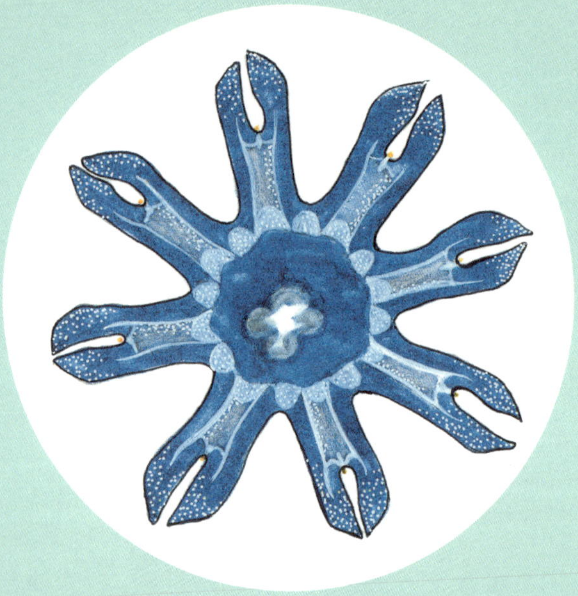

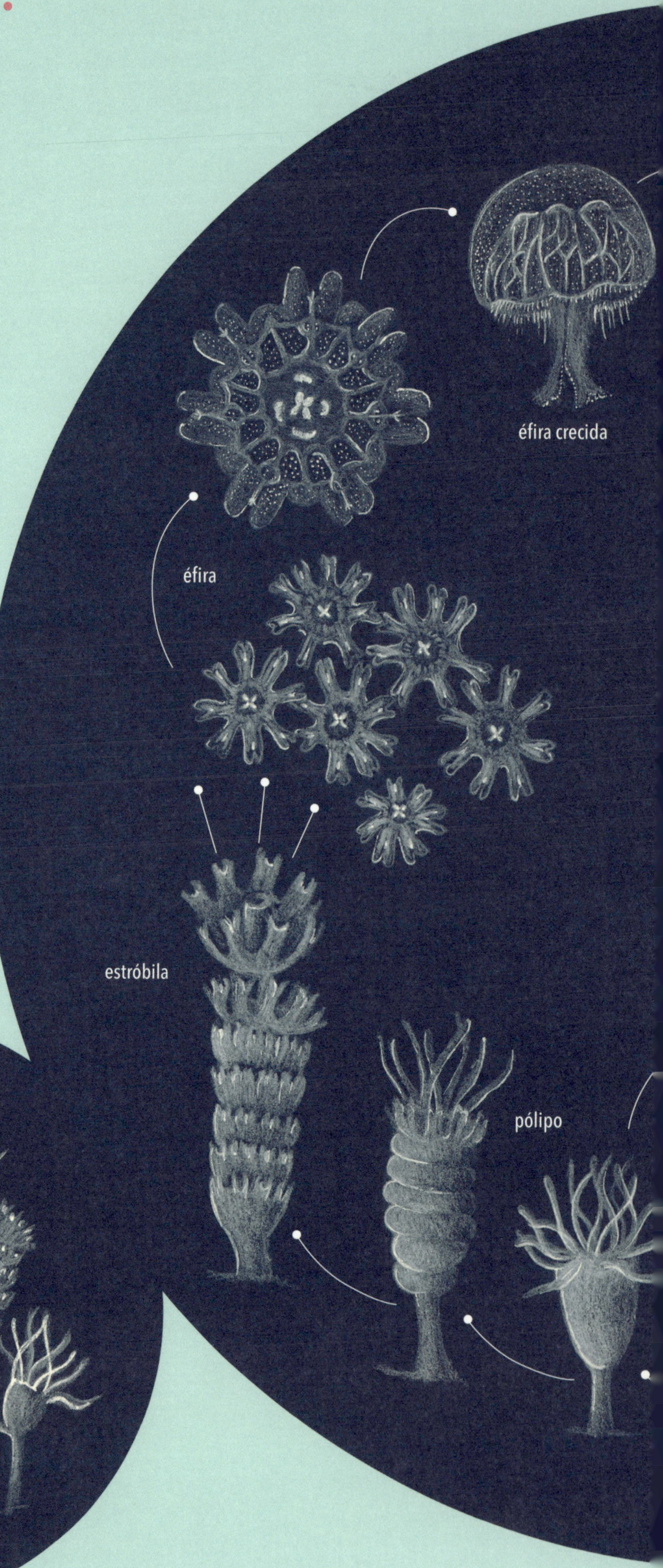

éfira crecida

éfira

estróbila

pólipo

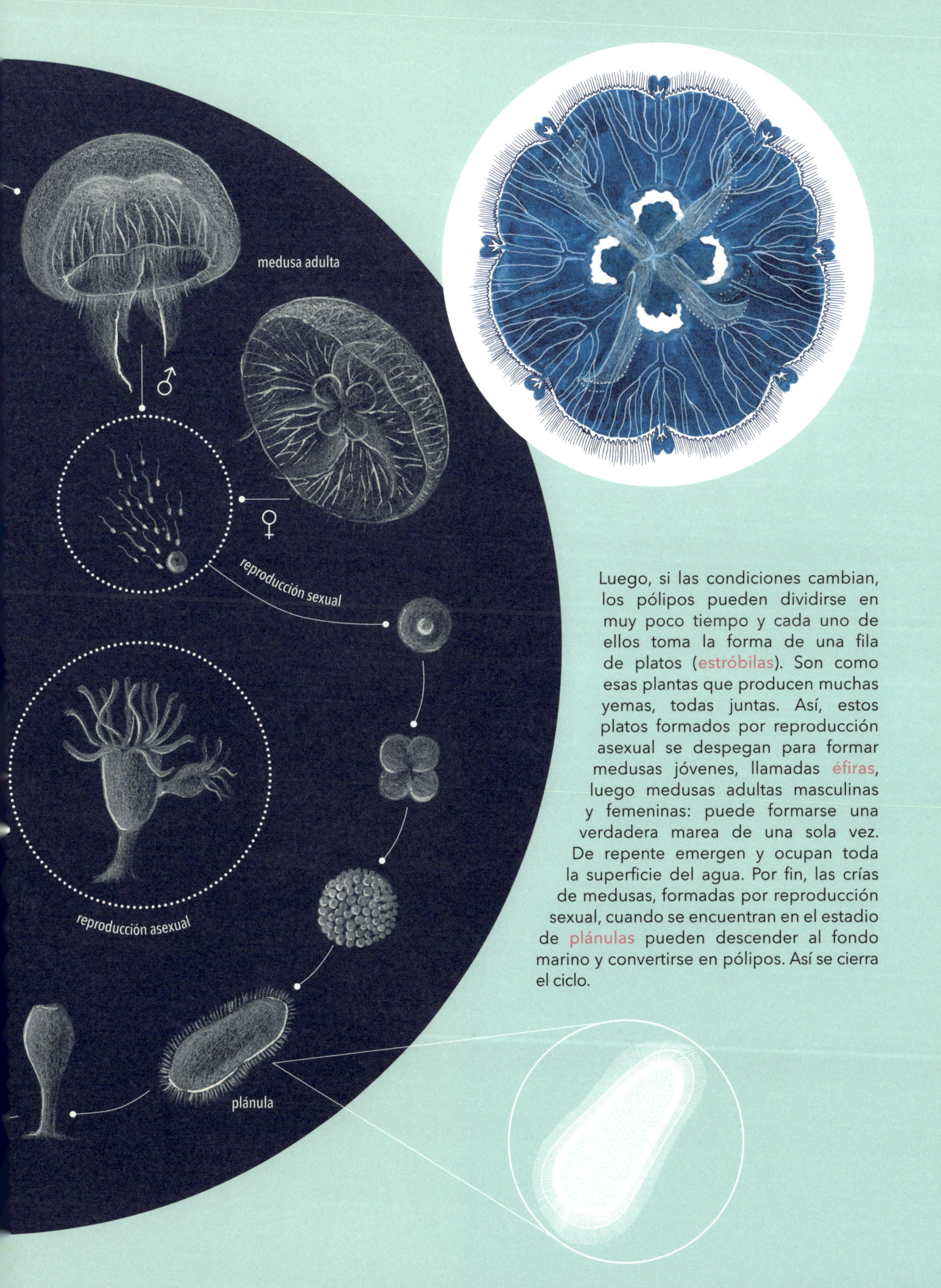

medusa adulta

♂

reproducción sexual

♀

reproducción asexual

plánula

Luego, si las condiciones cambian, los pólipos pueden dividirse en muy poco tiempo y cada uno de ellos toma la forma de una fila de platos (estróbilas). Son como esas plantas que producen muchas yemas, todas juntas. Así, estos platos formados por reproducción asexual se despegan para formar medusas jóvenes, llamadas éfiras, luego medusas adultas masculinas y femeninas: puede formarse una verdadera marea de una sola vez. De repente emergen y ocupan toda la superficie del agua. Por fin, las crías de medusas, formadas por reproducción sexual, cuando se encuentran en el estadio de plánulas pueden descender al fondo marino y convertirse en pólipos. Así se cierra el ciclo.

MEDUSAS ALIEN

En el mar Mediterráneo hay especies de medusas autóctonas, mientras que otras han llegado de los trópicos a través del canal de Suez o el estrecho de Gibraltar y se han adaptado muy bien a estas aguas. De hecho, el Mediterráneo se ha vuelto muy cálido, hasta convertirse casi en un mar tropical, por culpa del calentamiento global.

Esas medusas viajeras se llaman medusas alien.
¡Pero solo porque vienen de lejos!
De hecho, existe una que podría ser tan aterradora como un amenazante alien.
Se denomina ctenóforo americano, ¡fue capaz de vaciar de peces un mar entero, el mar Negro!

- NO URTICANTE
- UN POCO URTICA
- URTICANTE

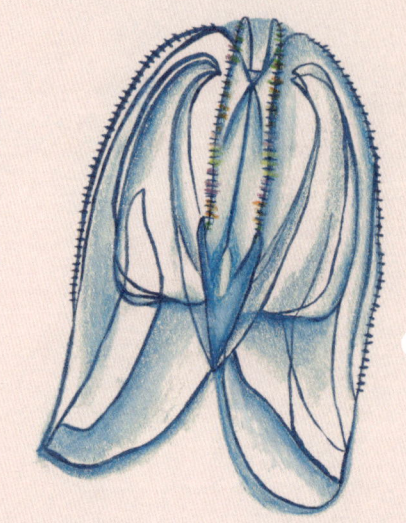

Ctenóforo americano
Ø 2-3 cm

Medusa invertida
Ø 30 cm

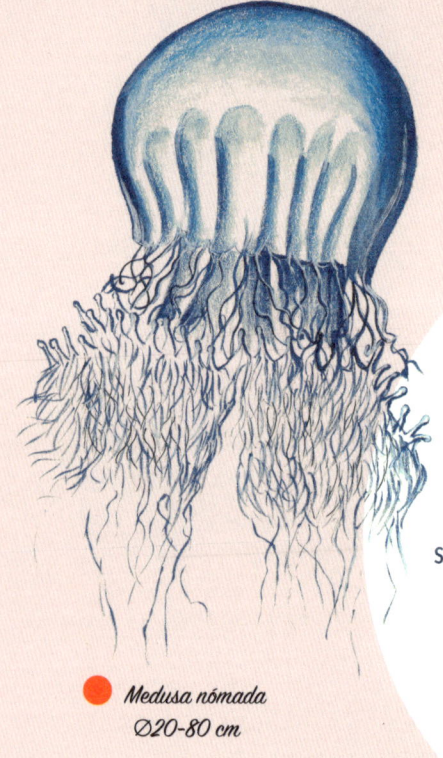

El mar Mediterráneo es una de las zonas mundiales donde más ha aumentado la presencia de medusas (¡hasta diez veces más!), sobre todo por las «migraciones» de especies extranjeras.
Lo que sucede en este mar pequeño y cerrado se estudia para comprender las alteraciones que, poco a poco, podrían extenderse a otros mares y océanos, a medida que sus temperaturas vayan aumentando a causa del calentamiento global.

Medusa nómada
Ø20-80 cm

Marivagia stellata
Ø 15 cm

Medusa manchada
Ø 30-60 cm

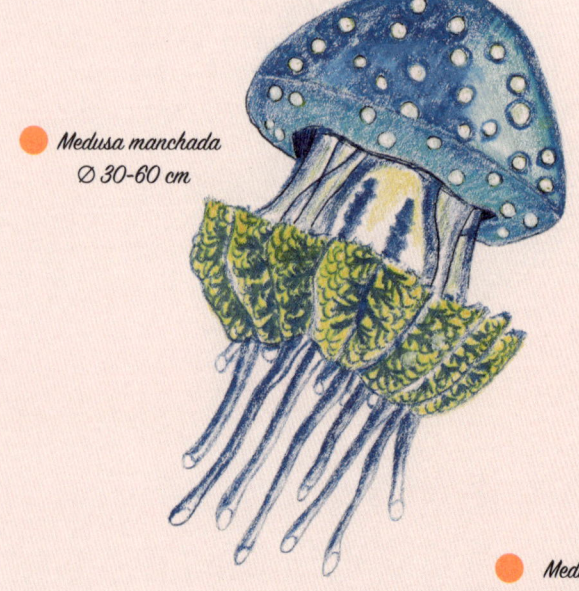

Medusa mosaico
Ø 20-60 cm

Entre las especies «alien» se encuentran la medusa nómada, la medusa invertida, la *Marivagia stellata*, y la medusa mosaico, muy parecida al acalefo azul.
Además, está la medusa manchada con unos bellísimos lunares contra el fondo azul.

EN CAMBIO, LAS MEDUSAS TÍPICAS DEL MEDITERRÁNEO SON MENOS DE DIEZ.

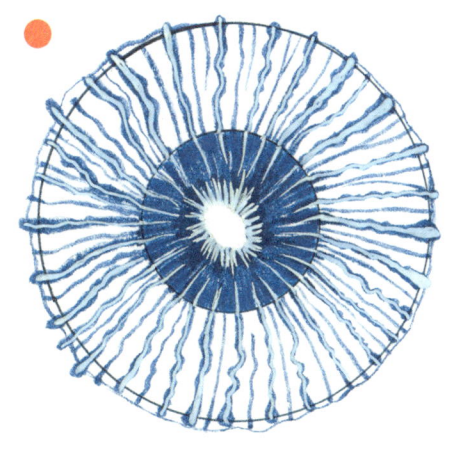

Medusa de cristal
Ø 5-10 cm

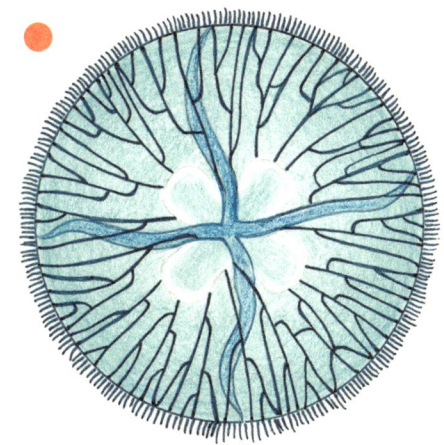

Medusa de cuatro ojos
Ø 10-40 cm

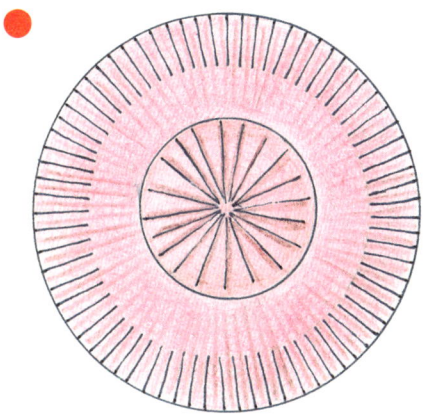

Drymonema dalmatinum
Ø 10-100 cm

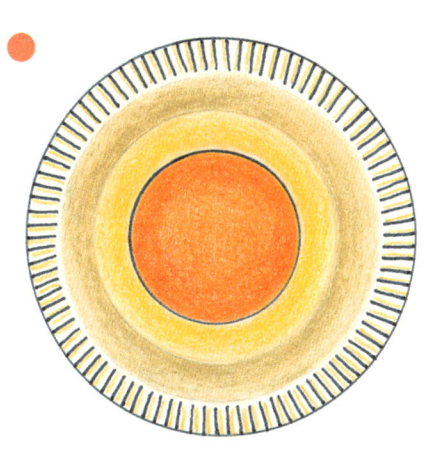

Medusa huevo frito
Ø 10-30 cm

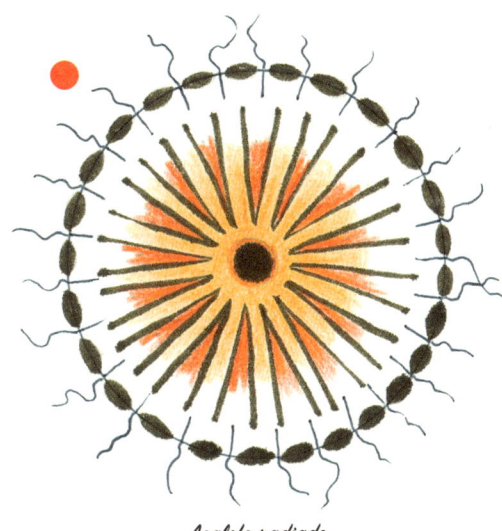

Acalefo radiado
Ø 10-30 cm

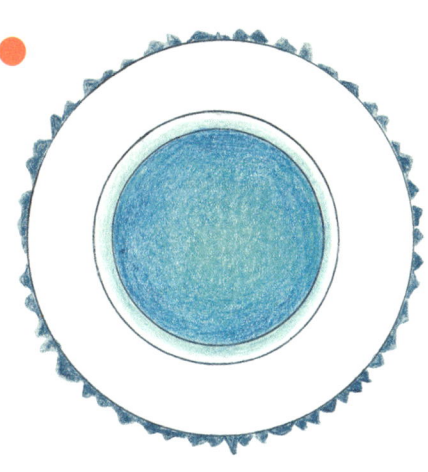

Aguamar o acalefo azul
Ø 20-60 cm

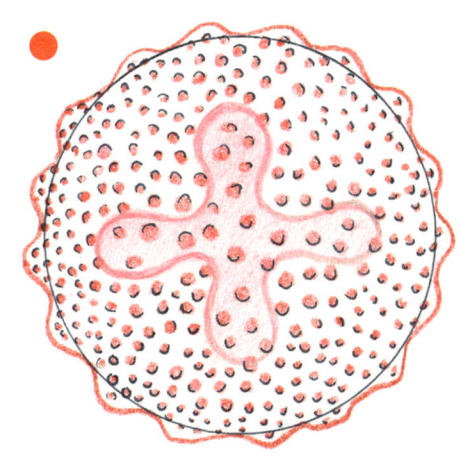

Medusa luminiscente
Ø 5-10 cm

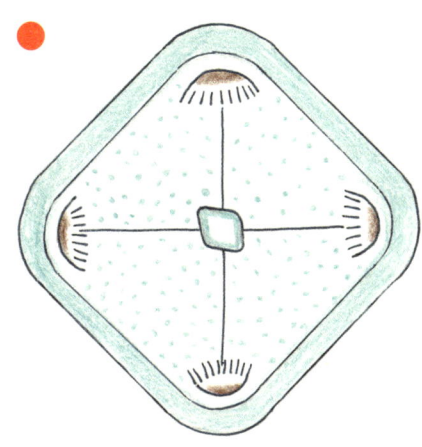

Medusa de caja
Ø 4-5 cm

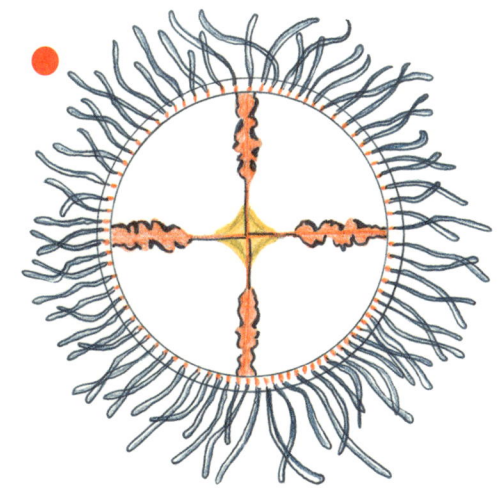

Medusa Olindias
Ø 4-6 cm

LAS MÁS VENENOSAS

La más venenosa de todas las medusas es la avispa de mar, llamada medusa asesina, capaz de matar a una persona en pocos minutos.
Vive en aguas australianas.

En el mar Mediterráneo existe una cubomedusa del mismo tipo. Por suerte, no es tan peligrosa, pero cuando toca con sus tentáculos puede hacer mucho daño.
Se llama medusa de caja y es bastante pequeña, por lo que debemos estar atentos para verla y alejarnos a tiempo.

La medusa luminiscente es rosa o rojiza, tiene una umbrela de unos diez centímetros de diámetro y tentáculos recubiertos de vesículas venenosas que pueden alcanzar varios metros de largo.
Siempre se mueve en grandes grupos. Así, lo mejor es estar atentos por si vemos un grupo de medusas en el mar: ¡muy bien podrían ser medusas luminiscentes!

El acalefo radiado también es un tipo de medusa muy peligrosa y se parece a la anterior, pero en la umbrela tiene unos rayos que, desde arriba, recuerdan a una brújula.

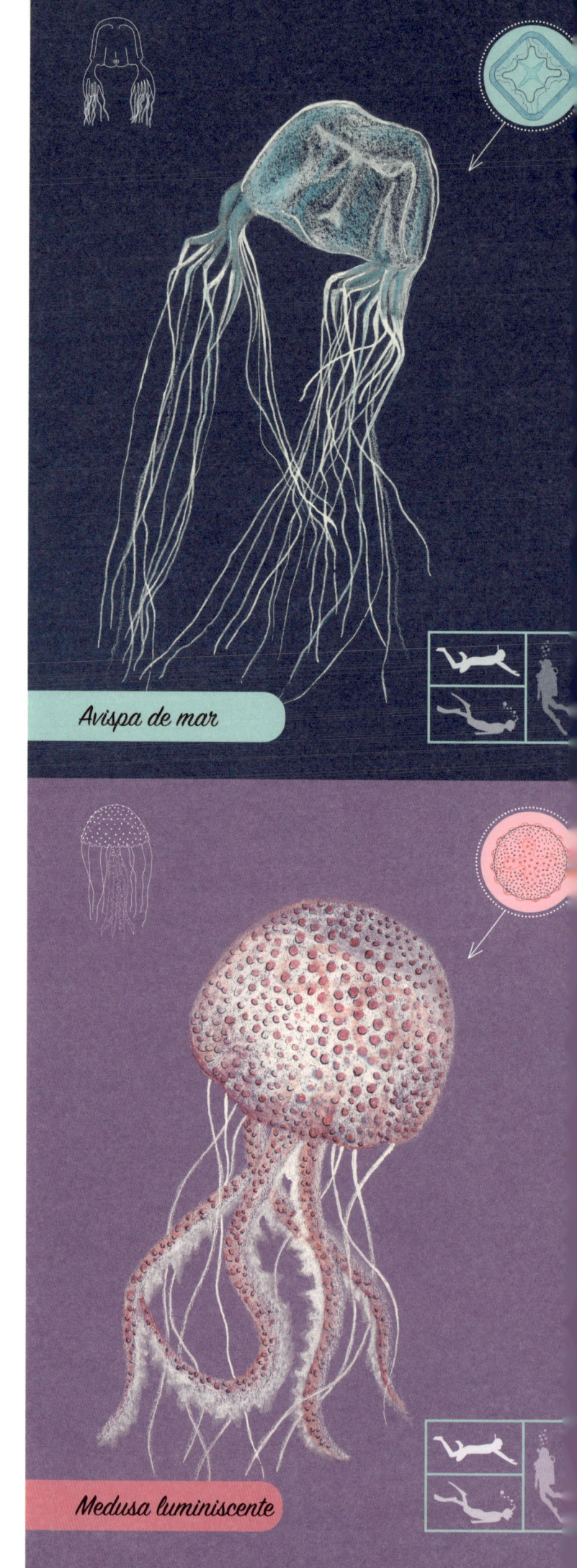

Avispa de mar

Medusa luminiscente

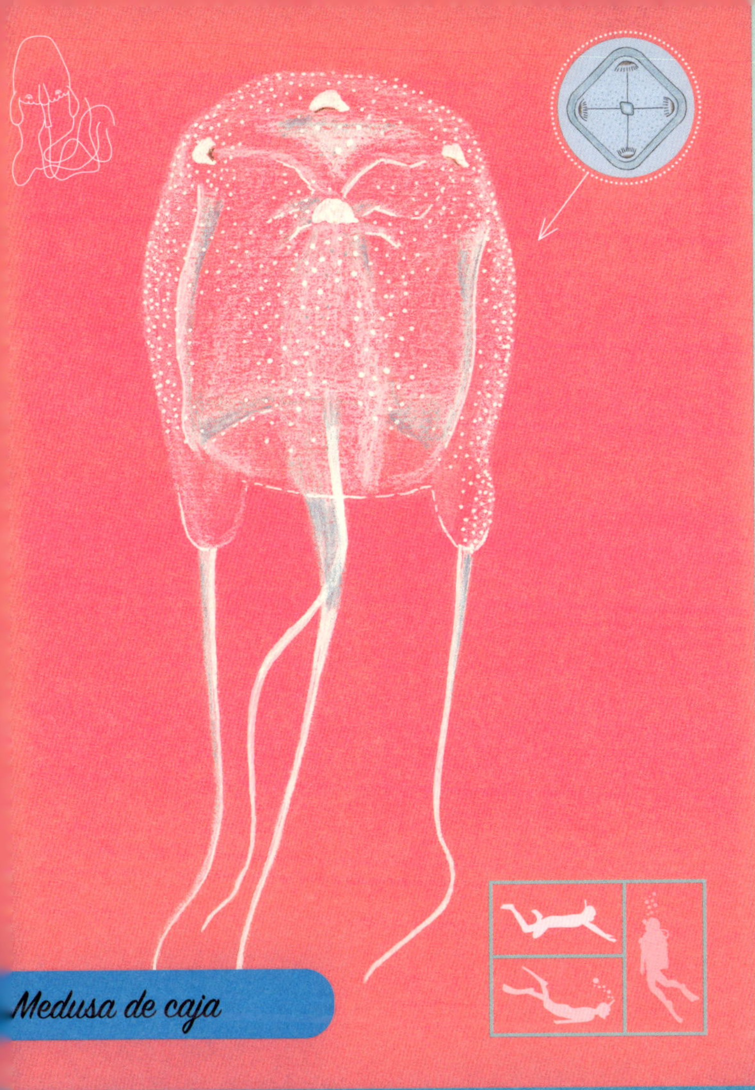

Medusa de caja

Acalefo radiado

REMEDIOS CONTRA EL «RECUERDO URTICANTE» DE LAS MEDUSAS:

El contacto con los tentáculos venenosos de las medusas suele provocar dolor y luego hinchazón y picor.

Lo primero que hay que hacer es salir del agua.

Luego hay que enjuagar bien la zona afectada, tanto para eliminar los posibles fragmentos de tentáculos como para diluir el veneno liberado por la medusa. Es necesario hacer el enjuague solo con agua de mar, para evitar que estallen las vesículas venenosas que aún puedan quedar en los restos de tentáculos sobre la piel. La sal del agua de mar mantiene el llamado equilibrio osmótico entre el interior y el exterior de estas vesículas.

Para el picor puede aplicarse una pomada a base de sales de aluminio, a la venta en farmacias, que también disminuye la cantidad de veneno que circula por la zona afectada.

Los otros remedios no son eficaces, ¡y pueden incluso resultar nocivos!

LAS MÁS GIGANTESCAS

En general, las medusas tienen un diámetro que va de los dos a los cuarenta centímetros, ¡tamaño que corresponde más o menos a la longitud del brazo de un niño!

La más grande, y también una de las más venenosas, puede alcanzar los dos metros de diámetro. Vive en los gélidos mares del norte, y su nombre científico, *Cyanea capillata*, nos dice que se la conoce porque parece una medusa «peluda», ¡con una melena! Y es que, debido a sus numerosos tentáculos, de unos diez metros de largo, y a su color naranja intenso, es conocida como medusa melena de león.

¡Exacto!
O, aún mejor:
«¡Elemental, querido Watson!».

SUSPENSE

Sherlock Holmes
La aventura de la melena de león

Arthur Conan Doyle

Esta formidable medusa inspiró a sir Arthur Conan Doyle para escribir su relato «La aventura de la melena de león», del libro *El archivo de Sherlock Holmes*.

Medusa melena de león

Drymonema dalmatinum

La *Drymonema dalmatinum* y el acalefo azul son las medusas más grandes del mar Mediterráneo.

The *Drymonema dalmatinum* puede alcanzar un metro de diámetro. Por suerte, al ser tan grande, es muy fácil de avistar, ¡porque es muy pero que muy venenosa! Tiene una umbrela transparente, una parte inferior de color rojizo o azulado, ¡y muchísimos tentáculos! Esta medusa siempre ha resultado muy misteriosa, pues desaparece durante décadas para luego reaparecer. Hoy en día se sabe que se esconde y sobrevive en el fondo marino, en forma de pólipo.

El acalefo azul puede superar el medio metro de diámetro. Es una medusa blanquecina con los bordes azules, pero a veces puede ser toda azul. Es inocua y bellísima, con una forma esponjosa que recuerda a la de los pulmones.

Acalefo azul

LA QUE SE ESCONDE Y... ¡TIENDE EMBOSCADAS!

Tiene una umbrela de cinco centímetros de diámetro, con cuatro rayas amarillas y rojas que van del centro a los extremos y muchos puntitos rojos y tentáculos: se llama medusa Olindias.

Nada muy rápido hasta la superficie y, al llegar, abre los tentáculos y, poco a poco, desciende hacia el fondo, como si tuviera una especie de paracaídas. Es su técnica de caza: durante el descenso, captura muchos pequeños crustáceos. Al llegar al fondo, vuelve a subir para conseguir más alimento.

Más de uno, durante el baño, se ha encontrado en su trayectoria y, al notar cómo la medusa lo tocaba, ¡se ha creído víctima de una emboscada! Lo cierto es que la medusa Olindias solo estaba buscando algo que comer.

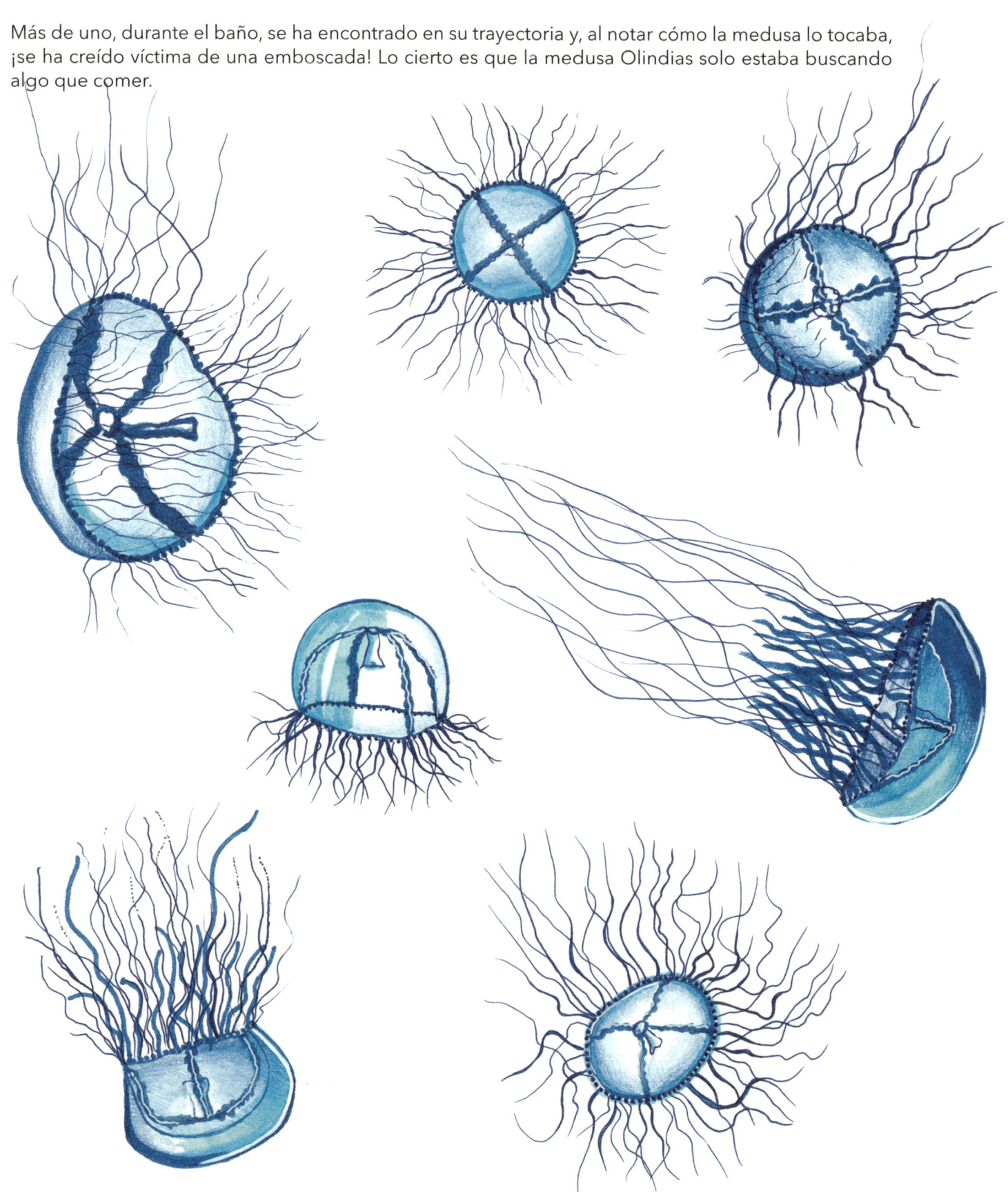

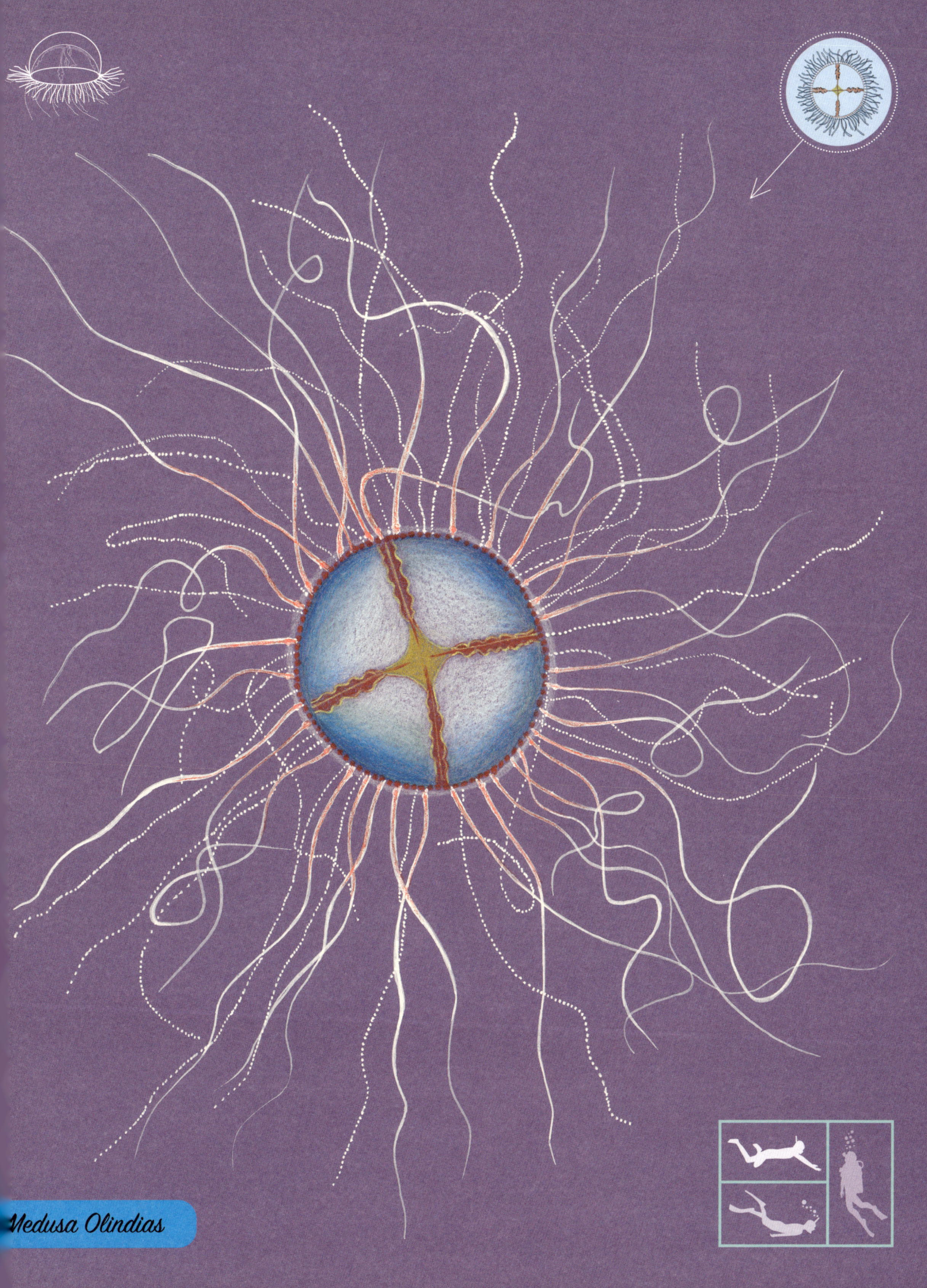

Medusa Olindias

LA QUE SIEMPRE ESTÁ AL REVÉS

La *Cassiopea Andromeda*, o medusa invertida, vive en los mares tropicales. Apoya la umbrela en el fondo de las aguas bajas y tranquilas y, entre los tentáculos dispuestos hacia arriba, aloja a las zooxantelas. Estas algas microscópicas viven en simbiosis, es decir, intercambian oxígeno y nutrientes con la medusa que las acoge. Esta, al final, ¡se pasa la vida entera patas arriba!

Cuenta un mito griego que Poseidón, dios de los mares, castigó por su vanidad a Casiopea, arrogante reina de Etiopía, enviando un monstruo marino que empezó a devorar a los habitantes del reino. Según los vaticinios de un oráculo, para aplacar al monstruo había que sacrificar a Andrómeda, hija de Casiopea. La joven fue encadenada a una roca, pero Perseo la salvó. A Casiopea, en cambio, los dioses la convirtieron en constelación, obligándola a girar en torno al polo celeste. Así, durante mucho tiempo tuvo que permanecer cabeza abajo, igual que esta medusa.

Cassiopea Andromeda

Y LA QUE... PARECE DOBLE

Es casi inofensiva y colorida como un ramo de flores, ¡pero sin aroma! Y es que su manubrio y sus tentáculos, muy numerosos, son bastante cortos, por lo que parecen flores de colores vivos y preciosos. Vive en simbiosis con las zooxantelas y a menudo ofrece refugio a los peces pequeños. Se llama *Cassiopea mediterranea* y, al mirarla desde arriba, parece un huevo frito, con la yema amarilla en el centro y la clara blanca alrededor. De hecho, en todo el mundo se la conoce como medusa huevo frito.

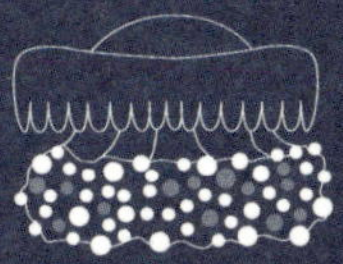

Cassiopea mediterranea

LA QUE PARECE UNA BOLA DE CAÑÓN Y NADA RAPIDÍSIMA

En Estados Unidos y el Caribe, donde habita, se la conoce como medusa bala de cañón, porque tiene la forma exacta, el tamaño y el color marrón de una bala. Es un poco más rígida que otras medusas y nada a gran velocidad. En Asia, para su desgracia, ¡se considera un manjar delicioso!

Medusa bola de cañón

LA MEDUSA ROCK

Cuando, en la década de 1980, el profesor Ferdinando Boero, uno de los principales estudiosos de medusas en el mundo, descubrió una nueva especie de medusa, decidió llamarla *Phialella zappai*, en honor a Frank Zappa.

Unos años más tarde, el músico le correspondió con la canción *Lonesome Cowboy Nando* titulada en honor al científico, que ya se había convertido en gran amigo suyo.

LAS MEDUSAS CON SUPERPODERES

La medusa más común se llama medusa de cuatro ojos por la forma de la estructura de colores violetas que se aprecia a través de su umbrela transparente y esférica. Tiene tentáculos cortos, finos y urticantes que dan un aspecto dentado a los bordes.

Sin embargo, lo que la convierte en extraordinaria es una especie de superpoder: si pierde un tentáculo, puede hacer que le vuelva a crecer, y si se le hace un agujero en el cuerpo, se puede cerrar por completo; es decir, a efectos prácticos… ¡sabe regenerarse!

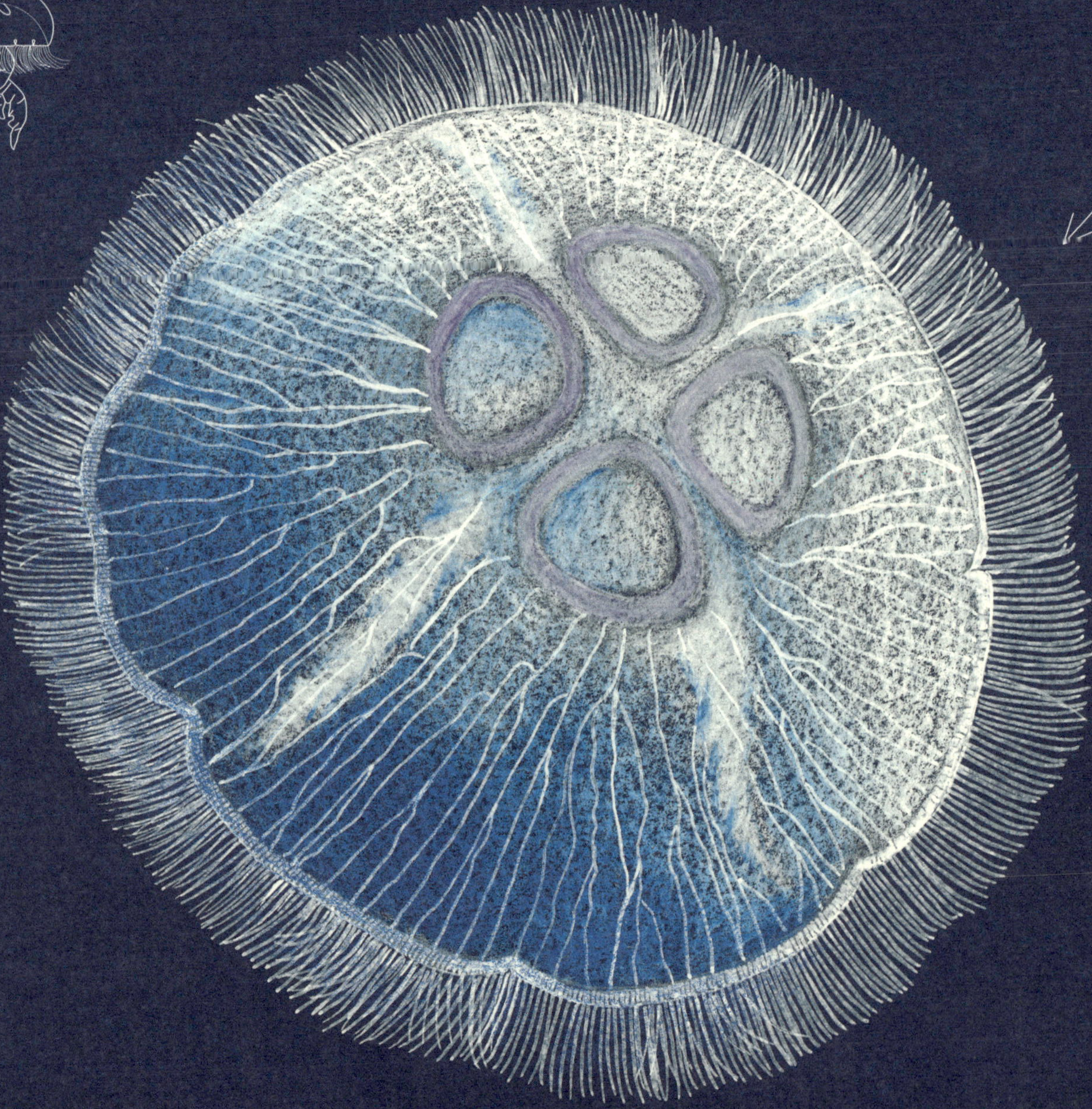

Medusa de cuatro ojos

La medusa de cristal se llama así porque, a la luz del sol, parece transparente como el vidrio. Sin embargo, en la oscuridad es bioluminiscente, es decir, se ilumina de forma natural. Esto es posible gracias a dos proteínas: la aequorina, que emite una luz azul, y la GFP (*green fluorescent protein*), proteína verde fluorescente, que devuelve la energía liberada por la aequorina en forma de luz verde. Los científicos, para aprovechar esas propiedades, cada vez usan más la aequorina extraída de esta medusa como un indicador especial luminoso de ciertas reacciones celulares.

En los laboratorios de investigación de todo el mundo se efectúan a diario hasta un millón de experimentos con GFP. De hecho, gracias a la luz azul o ultravioleta de esta proteína, se consigue iluminar animales y células de todo tipo para luego observarlos bajo el microscopio.

Medusa de cristal

PERO LAS MEDUSAS..., ¿ESTÁN RICAS?

En Japón, China, Indonesia, Filipinas y Tailandia, es decir, en casi toda Asia, las medusas se consideran un alimento delicioso. Por ejemplo, las medusas bola de cañón, una vez secas, conservadas y elaboradas, se envían a los restaurantes asiáticos especializados de Estados Unidos, donde constituyen una verdadera exquisitez.

La medusa llama, por su parte, es tan popular en China que se cría en varios lugares.

Medusa llama

RECETA DE MEDUSAS FRITAS

Por ahora, en el mercado solo hay medusas secas, que son muy sabrosas, pero, si queremos probar las medusas frescas, recién pescadas, basta con llevárnoslas a casa en un cubo de agua de mar y hervirlas en agua y aceite después de extraer con mucho cuidado los tentáculos si son de tipo urticante.

Una vez enjuagadas y enfriadas, la manera más sabrosa de cocinarlas es friéndolas con una masa de almidón de maíz y agua. Tienen un gusto muy parecido al de los calamares fritos.

En la naturaleza, las medusas también hacen las delicias de las tortugas marinas y de los peces luna, cuyo número, de hecho, está aumentando en nuestros mares debido a la abundancia de este alimento.

Por desgracia, a veces las tortugas ingieren las bolsas de plástico abandonadas que encuentran en el mar porque las confunden con medusas.

Las medusas son un manjar cada vez más apreciado para muchas personas, pero a menudo hay tal cantidad de ellas que causan graves daños: a veces, los barcos pesqueros vuelcan... ¡por el peso de las medusas atrapadas en las redes!

EL FLORECIMIENTO DE LAS MEDUSAS

Desde hace unos quince años, se tiene la impresión de que la cantidad de medusas ha aumentado en todo el mundo, aunque no podemos estar seguros.

De hecho, los satélites de los sistemas de control tecnológico no consiguen fotografiar las masas gelatinosas de las medusas. Además, estas suelen aparecer de repente y de un modo imprevisible, pues tienen la capacidad de multiplicarse y llegar a la superficie todas juntas con gran rapidez a partir de una sola larva pequeña en forma de pólipo pegada al fondo del mar.

Es como si el mar floreciera de pronto, por eso hablamos de «florecimientos de medusas» o *jellyfish blooms*.

Sea como sea, la mayoría de los científicos están convencidos de que estos florecimientos son cada vez más frecuentes.

Para la ciencia, la proliferación de medusas se debe, sobre todo, a los cambios provocados por el ser humano. Si hay muchas más medusas es porque algo está cambiando, y no a mejor.

Los florecimientos tienen diversos propósitos, pero todos tienen que ver con los comportamientos incorrectos del ser humano.

La primera causa de los florecimientos de medusas está en el daño que el ser humano, desde hace años, inflige a la biodiversidad, es decir, la variedad de especies vivas.

La pesca, en concreto, está consumiendo los recursos pesqueros en todas partes. El ser humano ya se ha comido la mayor parte de los grandes peces carnívoros y ahora los cría, pero, para alimentarlos, también pesca peces más pequeños. Esto ha creado un vacío en las cadenas alimentarias de los mares de todo el mundo.

De hecho, tanto las medusas como los alevines se alimentan de crustáceos diminutos. Si los peces disminuyen porque el ser humano pesca demasiado, entonces las medusas tienen más alimento, esto es, más crustáceos a su disposición, por lo que proliferan como nunca hasta ahora. Para empeorar las cosas, los huevos y las larvas de los peces constituyen el alimento preferido de muchas medusas.

De este modo, los florecimientos de medusas contribuyen a disminuir la cantidad de peces en el mar y, por tanto, la biodiversidad marina.

crustáceos marinos

larvas y huevos

También las numerosas, demasiadas, modificaciones que el hombre ha ejercido en el medioambiente hacen que las medusas proliferen: por ejemplo, la construcción de puertos, muelles y barreras donde no es necesario.

En esos lugares, los pólipos de las medusas encuentran puntos donde agarrarse con gran facilidad y mucho más cerca de la costa que antes.

Los pólipos son las formas en que sobreviven las medusas en condiciones difíciles, así como la manera que utilizan las medusas para viajar. Llegan como pólipos en el interior de los barcos procedentes de lugares muy lejanos, se enganchan en cualquier sitio y, en cuanto pueden, invaden el mar en forma de medusas libres. Así pueden llegar a devastar ecosistemas enteros.

Los ctenóforos americanos llegaron al mar Negro transportados en las aguas de lastre de los petroleros estadounidenses, y han hecho desaparecer todos los peces en muy poco tiempo, comiéndose tanto sus huevos y larvas como los pequeños crustáceos de los que estos se alimentaban.

No es de extrañar que cuando ese mismo tipo de medusa llegó al Mediterráneo, enseguida saltaran las alarmas.

Por suerte, según algunos científicos, otros organismos marinos, empezando por ciertas bacterias, están empezando a alimentarse **los excrementos que producen las medusas** después de comer. Puesto que estos desechos son muy abundant debido a la gran cantidad de medusas existente, poco a poco empiezan a crearse nuevos equilibrios.

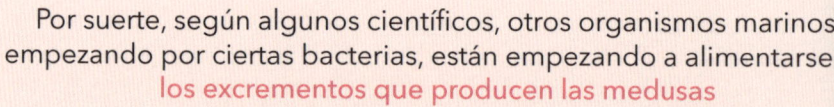

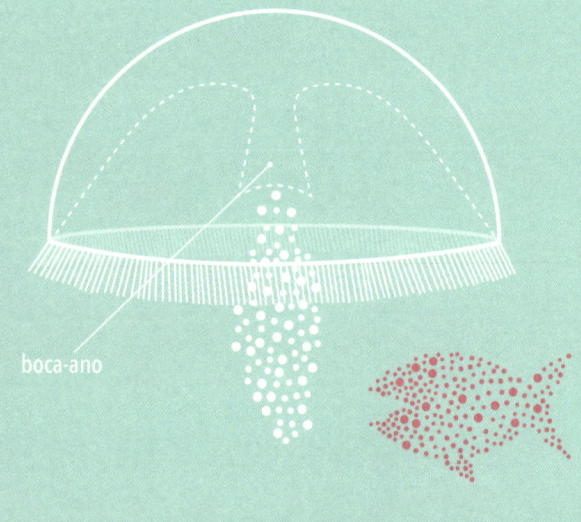

boca-ano

La proliferación de medusas
por fin está empezando a provocar
ciertos cambios positivos, una pequeña
ayuda para sostener la vida marina, muy
afectada por la contaminación y una pesca
demasiado agresiva.

Sin embargo, el regreso a la normalidad solo
podría suceder si el ser humano dejara de
contaminar, destruir el medioambiente y pescar
sin respeto y diera a los peces la posibilidad de
repoblar el mar. Así, las medusas, al volver a
encontrar tantos peces compitiendo por
el mismo alimento, disminuirían de
forma natural.

El aumento de las medusas en el mar Mediterráneo es una señal de alarma, consecuencia del calentamiento global producido por el ser humano.

El calentamiento global nos preocupa porque está causando el derretimiento de los hielos polares y el aumento de la acidez del mar. Esta acidez debilita las barreras de coral y las conchas, y destruye el fitoplancton flotante, es decir, el conjunto de pequeños organismos que producen al menos la mitad del oxígeno que todos nosotros respiramos.

Hace algunos años surgió un movimiento de protesta contra el calentamiento global y el cambio climático, iniciado por jóvenes preocupados por su futuro.

La Agenda 2030, que la ONU (Organización de las Naciones Unidas) publicó en 2015, es un documento que nos compromete con un desarrollo sostenible para alcanzar el bienestar económico, personal y medioambiental. Contiene diecisiete objetivos: en primer lugar, vencer la pobreza, el hambre y las enfermedades, pues de lo contrario no tiene sentido hablar de desarrollo; y también garantizar la educación y los derechos humanos en todo el mundo. Si las naciones siguen ciegas ante los derechos humanos, no podrán detectar ni resolver los problemas medioambientales y llevar a cabo los objetivos finales de la Agenda 2030: combatir el cambio climático a través de la creación de redes de colaboración para lograr, por fin, un desarrollo justo y sostenible, sin impactos negativos en nuestro planeta.

Así, la Agenda 2030 es un gran programa de acción que trata de llevar a cabo el compromiso adquirido por muchos Estados a finales de la Segunda Guerra Mundial con estas palabras: «Nosotros, los pueblos de las Naciones Unidas resueltos a preservar a las generaciones venideras…».

Ahora, todos sin excepción estamos llamados a caminar decididos por la senda de la sostenibilidad.

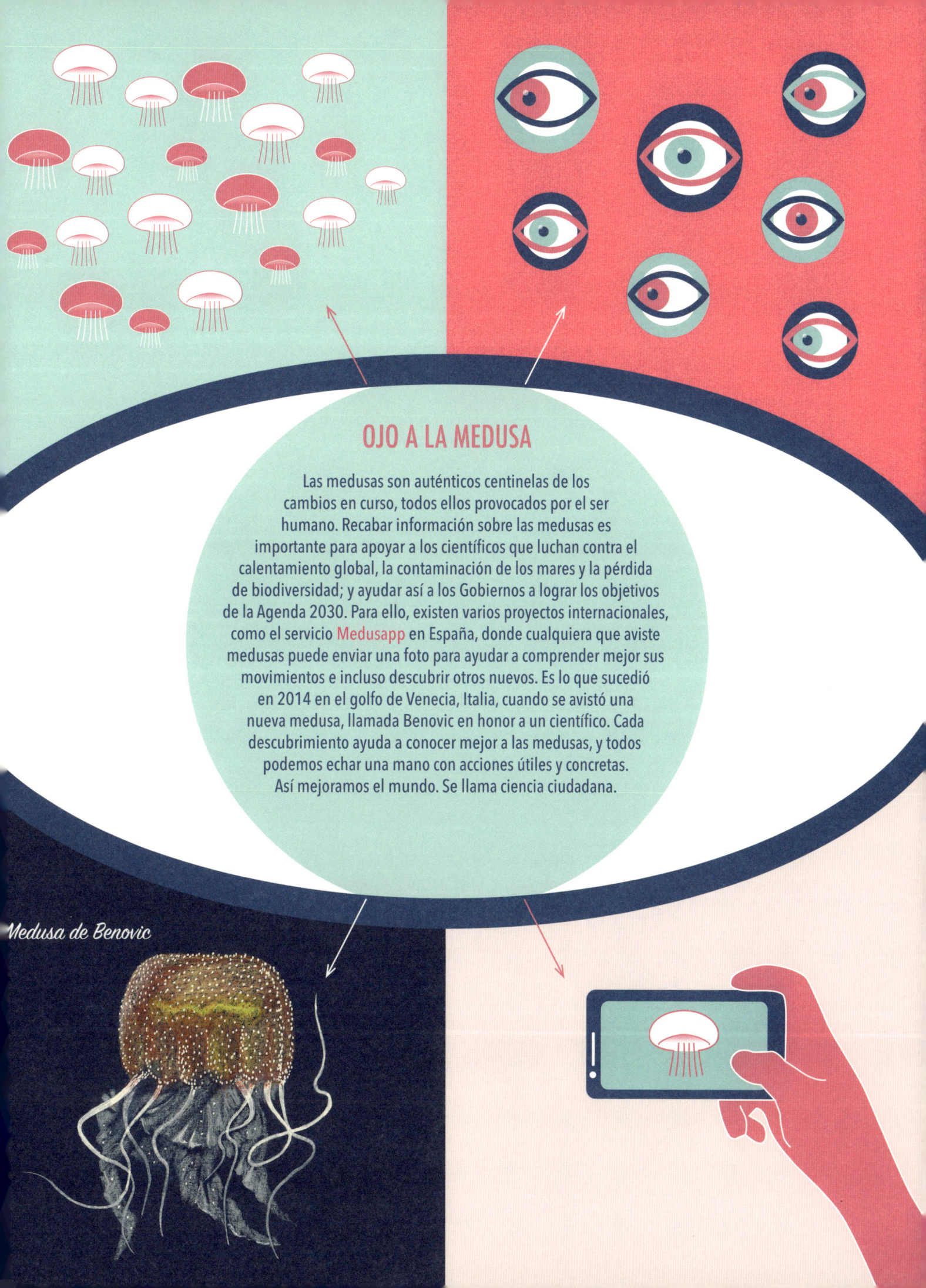

OJO A LA MEDUSA

Las medusas son auténticos centinelas de los cambios en curso, todos ellos provocados por el ser humano. Recabar información sobre las medusas es importante para apoyar a los científicos que luchan contra el calentamiento global, la contaminación de los mares y la pérdida de biodiversidad; y ayudar así a los Gobiernos a lograr los objetivos de la Agenda 2030. Para ello, existen varios proyectos internacionales, como el servicio Medusapp en España, donde cualquiera que aviste medusas puede enviar una foto para ayudar a comprender mejor sus movimientos e incluso descubrir otros nuevos. Es lo que sucedió en 2014 en el golfo de Venecia, Italia, cuando se avistó una nueva medusa, llamada Benovic en honor a un científico. Cada descubrimiento ayuda a conocer mejor a las medusas, y todos podemos echar una mano con acciones útiles y concretas. Así mejoramos el mundo. Se llama ciencia ciudadana.

Medusa de Benovic

LAS MÁS ANTIGUAS DEL MUNDO

Existen pruebas de la existencia de las medusas desde antes del período cámbrico, esto es, desde hace más de quinientos millones de años.

Son las especies animales más antiguas del mundo.

Nacieron antes de la primera explosión propiamente dicha de formas de vida en la Tierra: de hecho, la mayoría de los animales que conocemos empezaron a existir como mínimo cien millones de años después de ellas.

Desde entonces, muchos animales se han transformado hasta convertirse en seres muy distintos a los de sus inicios. Muchos otros se han extinguido. Las medusas, en cambio, han permanecido más o menos igual, sin ningún cambio importante. Si un extraterrestre aterrizara ahora en nuestro planeta, es posible que creyera que los habitantes mejor adaptados a su entorno no son los seres humanos sino las medusas, que han sobrevivido a todas las catástrofes ocurridas desde la noche de los tiempos.

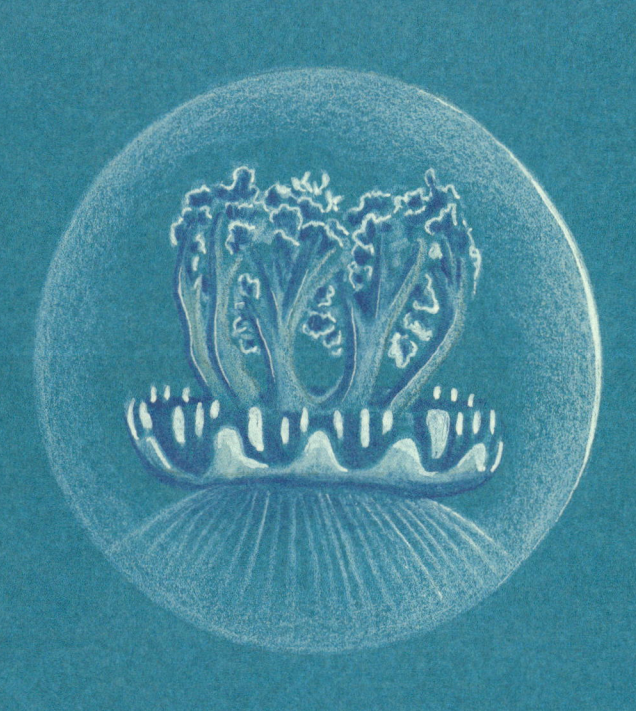

¿INMORTALES?

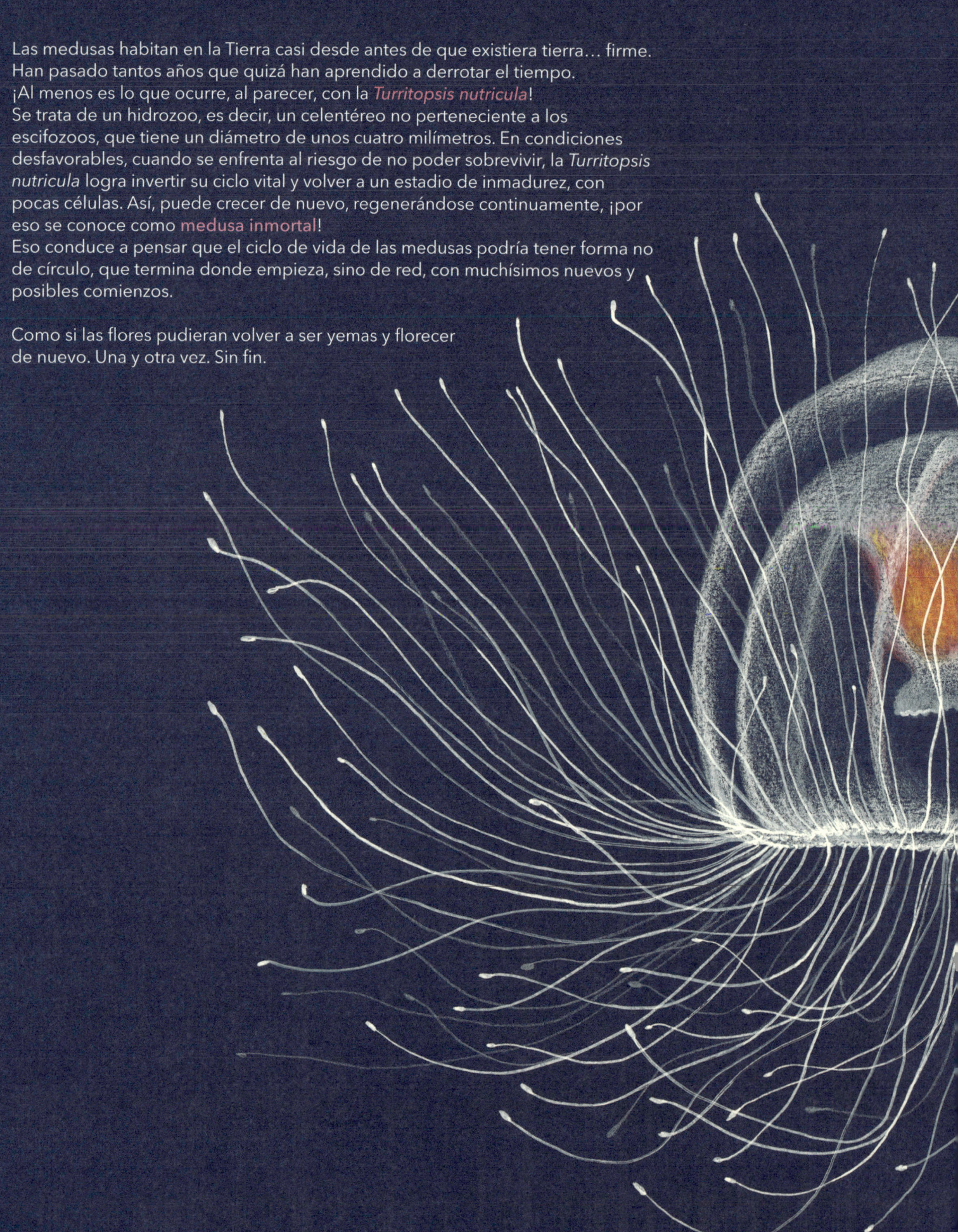

Las medusas habitan en la Tierra casi desde antes de que existiera tierra… firme.
Han pasado tantos años que quizá han aprendido a derrotar el tiempo.
¡Al menos es lo que ocurre, al parecer, con la *Turritopsis nutricula*!
Se trata de un hidrozoo, es decir, un celentéreo no perteneciente a los
escifozoos, que tiene un diámetro de unos cuatro milímetros. En condiciones
desfavorables, cuando se enfrenta al riesgo de no poder sobrevivir, la *Turritopsis
nutricula* logra invertir su ciclo vital y volver a un estadio de inmadurez, con
pocas células. Así, puede crecer de nuevo, regenerándose continuamente, ¡por
eso se conoce como medusa inmortal!
Eso conduce a pensar que el ciclo de vida de las medusas podría tener forma no
de círculo, que termina donde empieza, sino de red, con muchísimos nuevos y
posibles comienzos.

Como si las flores pudieran volver a ser yemas y florecer
de nuevo. Una y otra vez. Sin fin.

4 mm

Turritopsis nutricula

Bibliografía

Para escribir este libro, la autora ha consultado muchos textos y artículos, pero las referencias principales han sido:

• *Agenda 2030 para un desarrollo sostenible*, documento ONU, 25 de septiembre de 2015.

• Barnes, Robert D., *Zoología de los invertebrados*, Interamericana, 1985.

• Boero, F., «Meduse e cittadini», *Le Scienze*, 3 de junio de 2014.

• Boero, F., «Review of jellyfish blooms in the Mediterranean and Black Sea. Studies and Reviews. General Fisheries Commission for the Mediterranean», FAO, n.º 92, Roma, 2013, p. 53.

• Carta de las Naciones Unidas (ONU), San Francisco, Estados Unidos de América, 24 de octubre de 1945.

• Piraino, S., Boero, F., Aeschbach, B. y Schmid, V., «Reversing the Life Cycle: Medusae Transforming into Polyps and Cell Transdifferentiation in Turritopsis nutricula (Cnidaria, Hydrozoa)», *Biological Bulletin*, vol. 190, n.º 3, junio de 1996, publicado por The University of Chicago Press / Marine, pp. 302-312.

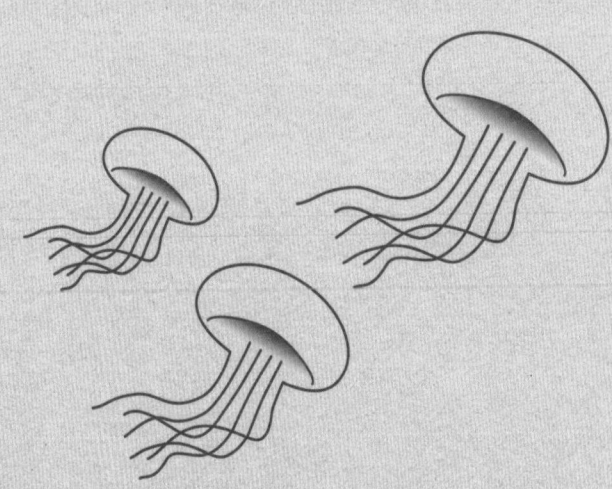

La información concerniente al hábitat de las medusas está en constante evolución, además de verse afectada por factores determinados por el ser humano, como el cambio climático y la pesca destructiva, que modifican la temperatura, las corrientes o la biodiversidad de los mares y, en consecuencia, los movimientos de estos seres vivos. Así, las medusas nos siguen pareciendo misteriosas por varias razones, entre ellas por el hecho de que algunos avistamientos resultan muy insólitos. Por este motivo, las obras de divulgación tienen una función significativa a la hora de contribuir a la difusión de la ciencia ciudadana que, al enriquecer la información recabada, nos ayuda a conocerlas mucho mejor.